Pia Pedevilla

Lustige Osterbasteleien

aus Tonkarton und Wellpappe

frechverlag

Pia Pedevilla lebt in Südtirol (Italien). Sie studierte Kunst in Gröden und Werbegraphik in Urbino. Seit Jahren ist sie im Bereich der Illustration tätig und entwirft Holz- und Stoffspielzeug. Viele Jahre hat sie an der Grundschule mit Kindern gebastelt und gemalt. Heute leitet sie Fortbildungskurse für Lehrer, interessierte Erwachsene und Kinder. Im frechverlag hat sie mehrere Bücher über verschiedene Arbeitstechniken veröffentlicht.

Text: Traudi Prenn
Fotos: frechverlag GmbH + Co. Druck KG, 70499 Stuttgart; Fotostudio Ullrich & Co., Renningen

Dieses Buch enthält: 2 Vorlagenbogen

Auflage: 5. 4. 3. | Letzte Zahlen
Jahr: 2003 2002 2001 2000 1999 | maßgebend

frechverlag GmbH + Co. Druck KG, 70499 Stuttgart

ISBN 3-7724-2418-X · Best.-Nr. 2418
Druck: frechverlag GmbH + Co. Druck KG, 70499 Stuttgart

Wenn es draußen wieder warm und grün wird, möchten wir uns den Frühling auch ins Haus holen. In diesem Buch möchte ich Ihnen verschiedene Möglichkeiten zeigen, wie man mit Osterdekorationen aus verschiedenen Papieren auch drinnen farbenfrohe Akzente setzen und eine fröhliche Atmosphäre zaubern kann: Ein großer Strauß mit frischen Zweigen und lustigen Anhängern schafft Frühlingsstimmung, ein geschmückter Tisch lädt zu gemütlichem Beisammensein, ein buntes Fensterbild grüßt nach draußen und drinnen.

Für die Kinder gibt es kaum etwas Schöneres, als mit den Eltern gemeinsam zu basteln. Daher stelle ich in diesem Buch Motive mit einfachen Formen vor, aber auch kompliziertere, die schon etwas mehr Fingerfertigkeit erfordern. Alle Teile können unterschiedliche Verwendung finden. Manche sind auf dem Vorlagenbogen schon in unterschiedlichen Größen vorgegeben. Alle können durch Fotokopieren der Vorlagen vergrößert oder auch verkleinert, abgeändert und nach eigenem Geschmack zusammengestellt werden. Das Entscheidende ist die Freude an der kreativen Arbeit!

Frohe Ostern und sonnige Tage
wünscht

Pia Pedevilla

Material

Arbeitsanleitung

1

Alle Motivteile werden nebeneinander und ohne Überschneidungen mit einem Bleistift vom Vorlagenbogen auf Transparent- oder Butterbrotpapier übertragen.

2

Das Transparentpapier wird auf einen dünnen Karton geklebt. Alle Einzelteile müssen dann sauber ausgeschnitten werden. Die so entstandenen Schablonen sind stabil und können mehrmals verwendet werden.

3

Jetzt werden die Schablonen auf den Karton in der gewünschten Farbe aufgelegt und die Umrisse übertragen. Bei der Wellpappe wird dafür immer die glatte Rückseite verwendet. Die Schablone muß dann spiegelverkehrt aufgelegt werden.

4

Die aufgezeichneten Formen werden mit einer Schere ausgeschnitten. Einige Formen, wie zum Beispiel Flügel, werden vor dem Kleben mit leichtem Fingerdruck etwas nach oben gebogen, so daß eine leichte Wölbung entsteht.

5

Das Motiv wird zusammengestellt und zusammengeklebt. Der Vorlagenbogen und das Foto geben dabei Positionierungshilfen.
Dekorationslinien werden mit Filzstift direkt aufgezeichnet.

6

Wackelfüße: Ein Wollfaden mit einem festen Endknoten wird mit einer spitzen Nadel durch den Fuß geführt, dann von vorne durch den Körper gestochen, von hinten wieder nach vorne und durch den zweiten Fuß geführt und hinter diesem wieder fest verknotet.

Verliebtes Küken

FENSTER- ODER WANDBILD

Wie das verliebte Küken entsteht,
ist auf der vorhergehenden Seite beschrieben.

Vom Ei zum Küken

THEMENKETTE

Material
Gelber, orangefarbener Tonkarton
Weiße Wellpappe
Weiße Klebepunkte
Schwarzer Filzstift
Aufhängefaden · Roter Wollfaden

Die Themenkette besteht aus drei Einzelteilen. Jedes Teil davon kann auch einzeln verwendet werden. Soll es ein Blumenstecker werden, muß es an ein Schaschlikstäbchen geklebt werden.
Als Anhänger für den Osterstrauß braucht es nur einen Aufhängefaden. Werden alle drei zusammen zur Themenkette, verbindet man sie mit einem durchgestochenen Faden, der durch feste Knoten fixiert wird.

Auf das Ei aus weißer Wellpappe wird der gelbe Dotter aufgeklebt.

Die Grundform des Kükens wird ausgeschnitten und von hinten an die zwei Eischalen geklebt. Damit das Ansatzquadrat für den Kopf verdeckt wird, kann die untere Eischale deckungsgleich von hinten aufgeklebt werden. Das Köpfchen bekommt dann den Schnabel und zwei weiße Klebepunkte als Augen. Mit schwarzem Filzstift werden die Pupillen und die feinen Linien aufgemalt.

Das Küken wird ausgeschnitten, Schnabel und Augen werden aufgeklebt, und die Dekorationslinien werden mit Filzstift aufgezeichnet. Das Anbringen der Wackelfüße wird auf Seite 5 unter Punkt 6 beschrieben.

Verspielte Hasen

Material

Hellbrauner Tonkarton · Regenbogentonkarton · Weißes Tonpapier · Gelbe Klebepunkte · Schwarzer Filzstift · Roter Buntstift · Roter Wollfaden

EIERBECHER

Die zwei deckungsgleichen Autoseiten und die vier Räder werden in der gewünschten Farbe aus dem Regenbogentonkarton ausgeschnitten.

Das Häschen bekommt beidseitig die Gesichtslinien aufgemalt. Weiße, mit einer Lochzange ausgestanzte Augenpunkte mit aufgemalter schwarzer Pupille und das weiße Innenohr werden aufgeklebt. Die roten Wangen sind mit Buntstift aufgemalt.

Der Hase wird zwischen die zwei Autoteile gelegt, diese werden an zwei Punkten am oberen Rand (siehe Vorlagenbogen) zusammengeklebt. Beidseitig werden jetzt die Arme befestigt. Die Auto-Teile müssen unten auseinandergespreizt sein, damit die Figur steht.

Von beiden Seiten werden je zwei Räder mit aufgesetzten Klebepunkten befestigt.

Der Eierbecher besteht aus einem zusammengeklebten Streifen, der mit einem verknoteten Wollfaden an das Auto gebunden wird. Auf beide Seiten werden noch die Räder geklebt.

TISCHKARTE

Für die Tischkarte besteht das Häschen aus einem Teil. Es wird dekoriert wie oben beschrieben. Die zwei Vorderpfoten werden etwas nach vorne gebogen.

Der Hals wird an den angegebenen Stellen leicht gebogen. Das Ei wird an den schmalen Streifen zwischen den zwei Biegelinien geklebt. So entsteht eine Spreizung, durch welche die Tischkarte stehenbleibt.

Henne auf der Wiese

EIERBECHERKRANZ

Material
Roter, gelber, weißer Tonkarton · Hellgrüne, dunkelgrüne Wellpappe
Schwarze Klebepunkte

Die zwei deckungsgleichen Kopfteile werden am oberen Rand entlang zusammengeklebt. Dabei werden gleichzeitig der rote Kamm und der gelbe Schnabel dazwischengelegt. Die roten Kehllappen und die Augen – schwarze Klebepunkte mit aufgesetztem weißem Pünktchen – werden beidseitig angebracht.

Auch die zwei Bauchteile mit den angefügten Rechtecken werden nur am oberen Rand zusammengeklebt, zwischen das Halsgefieder geschoben und dort fixiert. Die Flügel werden ebenfalls auf beiden Seiten unter dem Gefieder befestigt. Nehmen Sie für die exakte Positionierung der Einzelteile den Vorlagenbogen zu Hilfe. Die Federn werden zum Schluß noch mit der Hand leicht nach außen gebogen.

Die Streifen an der Bauchseite werden nun übereinandergebogen, so daß sie die Figur etwas auseinanderspreizen, und zusammengeklebt. Mit der so entstandenen Basis haftet die Henne fest auf der Wiesenfläche.

Ringsherum, wie auf dem Vorlagenbogen angegeben, werden die Eierringe mit Klebstoff (Hartkleber) fixiert. Dazwischen kleben noch einige dunkelgrüne Blätter.

Die Plastikeier sind mit Plakatfarben bemalt.
Die Farbpunkte werden mit der Pinselrückseite aufgetupft.

Die Beschreibung der Küken und Eierbecher finden Sie auf Seite 12 und 13.

Bunte Blumen

EIERBECHER

Material
Roter, gelber, hellblauer Tonkarton · Rosarotes, violettes Tonpapier
Gelbe, hellgrüne, rote Wellpappe · Rote, gelbe Klebepunkte · Zackenschere

Alle Eierbecher bestehen aus einem Wellpappering, der unter oder auf dem Blütenkranz festgeklebt ist. Der Innenkreis der Blume läßt sich am einfachsten mit einer Nagelschere ausschneiden.

SEEROSE (vgl. Abbildung Seite 29)

Zuerst wird der Wellpappering zusammengeklebt, um diesen herum der erste Strahlenkranz und, etwas verschoben, so daß die Zacken nicht genau übereinander liegen, der zweite. Die Spitzen werden nun mit der Hand zurechtgebogen. Die Rose wird auf das Blatt aufgesetzt, unter welchem noch der Blattkringel angeklebt wird. Dafür wird ein schmaler Wellpappestreifen mit waagrecht verlaufenden Wellen fest um ein Schaschlikstäbchen gerollt.

BLAUE BLUME

Auf den hellblauen Blütenkranz wird der gelbe Ring geklebt, dessen Rand sich am leichtesten mit einer Zackenschere schneiden läßt. Darauf werden rote Klebepunkte gesetzt. Der gelbe Wellpappering wird darunter befestigt.

ROTE BLUME UND GELBE BLUME (vgl. Abbildung Seite 11)

Auf den grünen Wellpappering wird der Blütenkranz geklebt und mit einigen Klebepunkten verziert. An der Unterseite werden noch einige Blätter befestigt.

GELBER STERN

Die zwei verschiedenfarbigen Sterne werden übereinandergeklebt, ihre Spitzen leicht nach außen gebogen und mit einigen Klebepunkten geschmückt. Der rote Eierring wird mit festem Klebstoff aufgesetzt.

Küken

(Abbildung Seite 11)

TISCHKARTE, SERVIETTENRING

Material

Gelber Tonkarton · Grüne Wellpappe · Roter, schwarzer Filzstift · Zahnstocher

Dem Küken werden Auge und Schnabel aufgemalt.
Der Flügel wird am Ansatz aufgeklebt und noch leicht nach außen gebogen.

Als Tischkarte wird das Küken dann einfach an einen Zahnstocher geklebt.
Dieser steckt in einer eng aufgerollten Wellpappebasis.

Als Serviettenhalter wird das Küken an dem Ring fixiert, in dem innen ein Streifen Wellpappe mit waagrechtem Wellenverlauf klebt. Der hervorschauende Teil davon wird fransig geschnitten, die Fransen werden mit der Hand hochgebogen.

Hase im Karottenfeld

FENSTER- ODER WANDBILD

Material
Hellbrauner, dunkelbrauner, weißer, roter, orangefarbener, hellgrüner, dunkelgrüner Tonkarton · Schwarzer Filzstift

Der Hase wird in einem Stück ausgeschnitten und dann dekoriert.

Das Gesichtchen erhält das weiße Fellteil, weiße Augenkreise und weiße Innenohren. Letztere werden nur mit dem Ansatz festgeklebt. Der lose Teil wird dann noch etwas nach vorne gebogen. In die Augen wird eine schwarze Pupille gemalt. Wenn ein weißes Pünktchen darin ausgespart bleibt, schaut das Häschen besonders pfiffig. Der rote Nasenkreis wird aufgeklebt, die übrigen Linien werden aufgezeichnet.

Jetzt bekommt er noch das weiße Stummelschwänzchen aufgesetzt. Dann wird er mit den gezeichneten Hinterpfoten auf den dunkelbraunen Erdstreifen geklebt.

Hinter die Karotten werden die zwei unterschiedlich grünen Krautteile geklebt und deren obere Enden wieder leicht nach vorne gebogen. Für die Karotten, die in der Erde stecken, ist nur ein schmales orangefarbenes Teilstück nötig.

Die ganze Karotte wird schräg über den Hasenkörper geklebt. Mit den darüber befestigten Vorderpfoten hält das Häschen seine Lieblingsspeise fest.

Als Fensterbild sollte die Figur beidseitig gearbeitet werden. Dann braucht man alle Teile doppelt.

Schnelle Häschen

FENSTER- ODER WANDBILDER

Material
Hellbrauner, weißer, roter, violetter, schwarzer, grauer, blauer, gelber, grüner Tonkarton
Rote, gelbe, grüne Wellpappe · Schwarzer Filzstift

Die Köpfchen der Hasenpiloten werden genauso gearbeitet wie der Kopf des Häschens auf Seite 15. Die fertigen Köpfe werden an die Fahrzeuge geklebt.

Der Flugzeugrumpf besteht aus gelber Wellpappe. Darauf werden der violette Propeller und die grünen Wellpappeteile geklebt. Unter dem Flügel wird das Fahrwerk zuvor eingelegt und so durch das Zusammenkleben fixiert. Der Pilot erhält zum Schluß die zwei Arme – einen vorne, einen hinten. Die rote, ausgefranste Schärpe flattert im Fahrtwind.

Auf das rote Wellpappeauto werden die Motorhaube und die zweiteiligen Scheinwerfer geklebt. Das grüne Lenkrad und die blauen Halterungen für die Außenspiegel werden gleichzeitig dazwischen fixiert. Am unteren Rand werden von hinten die Stoßstange und die zwei Räder angeklebt. Der Hase kommt hinter das Lenkrad, darauf werden noch die zwei Pfoten befestigt.

Schäfchen

ANHÄNGER

Material
Weißer, hellgrüner Tonkarton · Hellrosa Tonpapier
Schwarzer, roter, dunkelgrüner Filzstift · Aufhängefaden

Zwischen die zwei deckungsgleichen Körperteile werden vor dem Zusammenkleben der Aufhängefaden und die vier hellgrünen Beinchen eingelegt. Diese erhalten noch dunkelgrüne Streifen.

Das Gesicht und die zwei Ohren werden aufgeklebt, darüber wird die weiße Stirnwolle fixiert. Die Gesichtslinien sind mit Filzstift aufgemalt.

Henne im Nest

THEMENKETTE

Material
Weißer, hellgrüner Tonkarton · Rotes, gelbes Tonpapier
Schwarzer, dunkelgrüner Filzstift · Naturbast · Aufhängefaden

Die Henne besteht aus zwei deckungsgleichen Teilen, aus denen jeweils in der Mitte ein eiförmiges Oval ausgeschnitten wird. Am einfachsten ist das mit einer gebogenen Nagelschere. Die Eiformen brauchen Sie auch jeweils doppelt.

Legen Sie jetzt eine Seite der Henne vor sich hin, und positionieren Sie mit Hilfe des Fotos und des Vorlagenbogens die Eier, das hellgrüne in das ausgeschnittene Oval, und legen Sie zuletzt den Kamm und den gelben Schnabel auf. Der Aufhängefaden wird jetzt über alle Teile darübergelegt. Kleben Sie dann auf alle Formen die deckungsgleiche zweite Seite auf. So wird der Aufhängefaden fixiert.

Auf beiden Seiten bekommt die Henne noch ein schwarzes Auge, in welchem jeweils ein weißer Punkt ausgespart wird. Die Kehllappen werden beidseitig aufgeklebt, das hellgrüne Ei in der Körpermitte wird mit dunkelgrünen Punkten bemalt. Auf der Vorderseite wird zum Schluß noch ein aus Bastfäden zusammengebundenes Strohnest befestigt.

Entchen

BLUMENSTECKER UND TISCHDEKORATION

Material

Gelber, orangefarbener Tonkarton · Weißes Tonpapier
Gelbe, hellgrüne, hellblaue Wellpappe · Schwarzer Filzstift · Bindfaden
Schaschlikstäbchen · Violette und rosarote Holzkugeln, ø 1 cm

Hinter die ausgeschnittene Entenform klebt man den orangefarbenen Schnabel. Für das Auge wird mit einer Lochzange ein weißer Punkt ausgestanzt. In diesen wird, bis auf einen kleinen weißen Punkt darin, die schwarze Pupille gemalt.

Der Flügel besteht aus gelber Wellpappe. Achten Sie auf senkrecht verlaufende Rillen. In eine kann dann das Schaschlikstäbchen mit Klebstoff eingesteckt und so fixiert werden.

Die gleichen Entchen können für eine Kette zur Tischdekoration verwendet werden. Zusätzlich braucht man noch Wellpapperöllchen, die entstehen, indem man die schmalen Wellpappestreifen fest um ein Schaschlikstäbchen wickelt und am Ende zusammenklebt.

Man beginnt, indem man ein Entchen mit festem Klebstoff auf einem längeren Bindfaden befestigt. Dann werden von beiden Seiten bunte Holzperlen und Wellpapperöllchen dazugefädelt, wieder ein Entchen und Holzperlen. Die Kette können Sie so beliebig lang fortsetzen.

Ostergänse

ANHÄNGER, BLUMENSTECKER, GRUSSKARTE

Material

Weißer, dunkelblauer Tonkarton
Gelbes, hellblaues, orangefarbenes Tonpapier
Weiße Klebepunkte · Schwarzer Filzstift
Roter Wollfaden, Schaschlikstäbchen oder Aufhängefaden

Zuerst werden die zwei deckungsgleichen Grundformen ausgeschnitten und am Kopf zusammengeklebt, wobei gleichzeitig der gelbe Schnabel dazwischen fixiert wird. Nur am Rücken werden die zwei Teile an einem ca. 1 cm breiten Streifen noch zusammengeklebt. Der Rest bleibt offen.

Die zwei an den Spitzen leicht hochgebogenen Flügel werden mit Klebepunkten verziert und beidseitig mit dem Ansatz angeklebt. Das Auge wird mit Filzstift aufgemalt, die Wackelfüße werden befestigt (siehe Seite 5, Punkt 6).

Alle drei Formen können sowohl als Anhänger, Blumenstecker oder auch als Grußkarte verwendet werden. Für letztere muß die Form nicht doppelt gearbeitet werden, da sie auf das dunkelblaue Rechteck aufgeklebt wird. Beim Anhänger darf ein eingelegter Aufhängefaden nicht vergessen werden. Für den Blumenstecker wird zwischen die zwei Teile ein Schaschlikstäbchen geklebt.

Henne mit Küken

MOBILE

Material

Weißer, gelber, roter, orangefarbener Tonkarton · Schwarzes Tonpapier
Weiße, blaue, gelbe Wellpappe · Weiße Klebepunkte · Schwarzer Filzstift
Roter Wollfaden · Aufhängefaden

Die zwei blauen Bauchteile der Henne werden zusammengeklebt, dabei werden gleichzeitig auf beiden Seiten die Flügel dazwischengeschoben und fixiert.

Zwischen die zwei Kopfteile werden vor dem Zusammenkleben der gelbe Schnabel und der rote Kamm eingelegt. Die Kopfteile werden nur am oberen Rand zusammengeklebt.

Der nach unten offen gebliebene Kopf wird beidseitig über den Bauch geschoben und vorne und hinten festgeklebt. Auf der Vorder- wie auch auf der Rückseite werden jeweils noch ein roter Kehllappen und ein schwarzes Auge aufgesetzt. Ein kleiner weißer Farbtupfer in der Pupille verleiht dem Auge mehr Ausdruck.

Die Henne wirkt plastischer, wenn die Flügelspitzen und das Halsgefieder leicht nach vorne bzw. nach oben gebogen werden. Auf das blaue Federkleid werden jetzt noch weiße Klebepunkte aufgesetzt.
Zum Anbringen der Wackelfüße siehe Seite 5, Punkt 6.

Die Anfertigung der Küken und des Eis ist auf den Seiten 4-7 beschrieben. Zum Schluß werden die fertigen Einzelteile mit einem Faden am gelben Bogen aufgehängt. Da das Küken im Ei schwerer ist als das Küken rechts, sollte letzteres doppelt gearbeitet werden. Zusätzlich kann man zwischen die beiden Teile eine Münze kleben. Balancieren Sie die Teile gut aus, damit der Bogen nicht schräg hängt.

BLUMENSTECKER UND ANHÄNGER

Material
Gelber, roter, rosaroter, blauer, grüner, violetter, schwarzer Tonkarton
Weißes Tonpapier
Schwarze, rote, blaue Klebepunkte
Schwarzer Filzstift
Schaschlikstäbchen
Aufhängefaden

MARIENKÄFER

Der gelbe Käferkörper erhält auf dem Köpfchen eine schwarze Haube. Dazwischen werden gleichzeitig die Fühler eingelegt.

Das Gesichtchen wird aufgemalt. Der rote Nasenpunkt kann ebenso wie die weißen Augenkreise mit einer Lochzange ausgestanzt werden. In die Augen werden noch schwarze Pupillen gemalt.

Die mit schwarzen Klebepunkten verzierten Flügel klebt man an den Körper und darüber abschließend die schwarze Halskrause.

SCHMETTERLING

Auf das unterste violette Flügelteil werden das blaue, das rosafarbene und die roten Teile aufgeklebt und mit Klebepunkten zusätzlich geschmückt. Darüber kommt der Körper samt Halskrause (siehe Marienkäfer). Zwischen Körper und Flügel klebt man, falls es ein Blumenstecker wird, das Schaschlikstäbchen.

Frosch in Osterstimmung

Material

Hellgrüner, gelber, violetter, weißer Tonkarton · Weißes Tonpapier
Blaue Wellpappe · Schwarzer Filzstift · Grünes Satinband

OSTERNEST

Der Korb wird aus blauer Wellpappe in einem Stück ausgeschnitten. Die vier Kanten der Grundfläche werden auf der Wellenseite leicht eingeritzt, damit sie sich mit einem sauberen Knick hochbiegen lassen.

An den auf dem Vorlagenbogen angegebenen Stellen werden mit einer Lochzange oder mit einer Nagelschere die Löcher gebohrt, und je zwei Seiten werden mit einem durchgezogenen grünen Band zusammengeknüpft.

Der Kopf des Frosches wird mit den Vorderbeinen von vorne auf die violette Badehose geklebt, die zwei „Händchen" bleiben lose, und die zwei Hinterbeinchen werden an der Hosenrückseite befestigt.

Die Gesichtslinien sind mit schwarzem Filzstift aufgemalt. Die Augen sind aufgesetzte weiße Tonpapierkreise mit aufgemalter schwarzer Pupille. Der Frosch klebt so hinter dem gelben Ei, daß er sich mit den losen Händchen darauf stützt. Das Ei wiederum wird am Korb innen festgeklebt.

TISCHKARTE

Für die Tischkarte wird der Frosch in einem Stück ausgeschnitten. Die Augen sind zwei weiße ausgestanzte Tonpapierkreise, eventuell auch weiße Klebepunkte, mit aufgemalter schwarzer Pupille. Nase und Mäulchen sind aufgezeichnet.
In Schulterhöhe wird die weiße Tischkarte mit dem schmalen Falzstreifen angeklebt. An den oberen Ecken des weißen Blattes werden noch die zwei Händchen aufgesetzt. Damit die Karte stehenbleibt, wird der Kopf des Frosches leicht nach hinten gebogen.

Die Plastikeier werden mit Tapetenkleister und Naturpapieren umkleidet.

Die Anleitung für den Seerosen-Eierbecher finden Sie auf Seite 12.

Helga

SCHRIFTZUG FÜR WAND ODER TÜR

Material
Hellbrauner Tonkarton
Regenbogentonkarton
Weißes Tonpapier
Farbige Klebepunkte
Schwarzer Filzstift
Aufhängefaden

Die einzelnen Buchstaben sowie die Eier werden in der gewünschten Farbe aus dem Regenbogentonkarton geschnitten. Das geht am einfachsten mit einem Cutter. Dazu braucht man aber eine feste Unterlage (Cut-Matte).

Die Eier können mit bunten Klebepunkten verziert werden. Zwei Eier werden von den verspielten Häschen umarmt. Sie bilden jeweils den Buchstaben „O“.

Der Hasenkopf mit den langen Ohren und die vier Pfoten werden ausgeschnitten. Auf die Ohren werden nur am Ansatz festgeklebte, weiße Innenohren aufgesetzt und dann leicht nach vorne gewölbt. Die Bäckchen sind rote Klebepunkte, die Augen weiße Tonpapierkreise, die am einfachsten mit einer Lochzange ausgestanzt werden. Auf die Augen wird mit Filzstift eine schwarze Pupille gemalt. Auch die übrigen Linien werden mit schwarzem Filzstift aufgezeichnet.

Der Kopf wird hinter dem Ei, die Pfoten werden von vorne angeklebt.

Alle Buchstaben, auch die Häschen, werden mit der Rückseite nach oben in der richtigen Reihenfolge hingelegt, dann wird ein Bindfaden aufgeklebt. Die übrigen Eier hängen an längeren Fäden.

Etwas verkleinert (siehe Vorlagenbogen) können diese lustigen Häschen, zusammen mit bunten Eiern, den Osterstrauß schmücken.

FR
HE
STERN

Von Pia Pedevilla sind im frechverlag zahlreiche kreative Titel erschienen. Hier eine Auswahl:

TOPP 1948

TOPP 2086

TOPP 2385

TOPP 2348

TOPP 2313

TOPP 2279

TOPP 2035

TOPP 1824